崧燁文化

曹永忠、許智誠、蔡英德　著

雲端平台
(硬體建置基礎篇)

The Setting and Configuration of Hardware &
Operation System for a Clouding Platform
based on QNAP Solution

自序

工業 4.0 系列的書是我出版至今五年多，出書量也破百本大關，當初出版電子書是希望能夠在教育界開一門 Maker 自造者相關的課程，沒想到一寫就已過 4 年，繁簡體加起來的出版數也已也破百本的量，這些書都是我學習當一個 Maker 累積下來的成果。

這本書可以說是我的書另一個里程碑，很久以前，這個系列開始以駭客的觀點為主，希望 Maker 可以擁有駭客的觀點、技術、能力，駭入每一個產品設計思維，並且成功的重製、開發、超越原有的產品設計，這才是一位對社會有貢獻的『駭客』。

如許多學習程式設計的學子，為了最新的科技潮流，使用著最新的科技工具與軟體元件，當他們面對許多原有的軟體元件沒有支持的需求或軟體架構下沒有直接直持的開發工具，此時就產生了莫大的開發瓶頸，這些都是為了追求最新的科技技術而忘卻了學習原有基礎科技訓練所致。

筆著鑒於這樣的困境，思考著『如何駭入眾人現有知識寶庫轉換為我的知識』的思維，如果我們可以駭入產品結構與設計思維，那麼了解產品的機構運作原理與方法就不是一件難事了。更進一步我們可以將原有產品改造、升級、創新，並可以將學習到的技術運用其他技術或新技術領域，透過這樣學習思維與方法，可以更快速的掌握研發與製造的核心技術，相信這樣的學習方式，會比起在已建構好的開發模組或學習套件中學習某個新技術或原理，來的更踏實的多。

目前許多學子在學習程式設計之時，恐怕最不能了解的問題是，我為何要寫九九乘法表、為何要寫遞迴程式，為何要寫成函式型式…等等疑問，只因為在學校的學子，學習程式是為了可以了解『撰寫程式』的邏輯，並訓練且建立如何運用程式邏輯的能力，解譯現實中面對的問題。然而現實中的問題往往太過於複雜，授課的老師無法有多餘的時間與資源去解釋現實中複雜問題，期望能將現實中複雜問題淬鍊成邏輯上的思路，加以訓練學生其解題思路，但是眾多學子宥於現實問題的困

惑，無法單純用純粹的解題思路來進行學習與訓練，反而以現實中的複雜來反駁老師教學太過學理，沒有實務上的應用為由，拒絕深入學習，這樣的情形，反而自己造成了學習上的障礙。

本系列的書籍，針對目前學習上的盲點，希望讀者當一位產品駭客，將現有產品的產品透過逆向工程的手法，進而了解核心控制系統之軟硬體，再透過簡單易學的 Arduino 單晶片與 C 語言，重新開發出原有產品，進而改進、加強、創新其原有產品固有思維與架構。如此一來，因為學子們進行『重新開發產品』過程之中，可以很有把握的了解自己正在進行什麼，對於學習過程之中，透過實務需求導引著開發過程，可以讓學子們讓實務產出與邏輯化思考產生關連，如此可以一掃過去陰霾，更踏實的進行學習。

這三年多以來的經驗分享，逐漸在這群學子身上看到發芽，開始成長，覺得 Maker 的教育方式，極有可能在未來成為教育的主流，相信我每日、每月、每年不斷的努力之下，未來 Maker 的教育、推廣、普及、成熟將指日可待。

最後，請大家可以加入 Maker 的 Open Knowledge 的行列。

曹永忠 於貓咪樂園

自序

記得自己在大學資訊工程系修習電子電路實驗的時候，自己對於設計與製作電路板是一點興趣也沒有，然後又沒有天分，所以那是苦不堪言的一堂課，還好當年有我同組的好同學，努力的照顧我，命令我做這做那，我不會的他就自己做，如此讓我解決了資訊工程學系課程中，我最不擅長的課。

當時資訊工程學系對於設計電子電路課程，大多數都是專攻軟體的學生去修習時，系上的用意應該是要大家軟硬兼修，尤其是在台灣這個大部分是硬體為主的產業環境，但是對於一個軟體設計，但是缺乏硬體專業訓練，或是對於眾多機械機構與機電整合原理不太有概念的人，在理解現代的許多機電整合設計時，學習上都會有很多的困擾與障礙，因為專精於軟體設計的人，不一定能很容易就懂機電控制設計與機電整合。懂得機電控制的人，也不一定知道軟體該如何運作，不同的機電控制或是軟體開發常常都會有不同的解決方法。

除非您很有各方面的天賦，或是在學校巧遇名師教導，否則通常不太容易能在機電控制與機電整合這方面自我學習，進而成為專業人員。

而自從有了 Arduino 這個平台後，上述的困擾就大部分迎刃而解了，因為 Arduino 這個平台讓你可以以不變應萬變，用一致性的平台，來做很多機電控制、機電整合學習，進而將軟體開發整合到機構設計之中，在這個機械、電子、電機、資訊、工程等整合領域，不失為一個很大的福音，尤其在創意掛帥的年代，能夠自己創新想法，從 Original Idea 到產品開發與整合能夠自己獨立完整設計出來，自己就能夠更容易完全了解與掌握核心技術與產業技術，整個開發過程必定可以提供思維上與實務上更多的收穫。

Arduino 平台引進台灣自今，雖然越來越多的書籍出版，但是從設計、開發、製作出一個完整產品並解析產品設計思維，這樣產品開發的書籍仍然鮮見，尤其是能夠從頭到尾，利用範例與理論解釋並重，完完整整的解說如何用 Arduino 設計出一個完整產品，介紹開發過程中，機電控制與軟體整合相關技術與範例，如此的書

籍更是付之闕如。永忠、英德兄與敝人計畫撰寫 Maker 系列，就是基於這樣對市場需要的觀察，開發出這樣的書籍。

作者出版了許多的 Arduino 系列的書籍，深深覺的，基礎乃是最根本的實力，所以回到最基礎的地方，希望透過最基本的程式設計教學，來提供眾多的 Makers 在入門 Arduino 時，如何開始，如何攥寫自己的程式，進而介紹不同的週邊模組，主要的目的是希望學子可以學到如何使用這些週邊模組來設計程式，期望在未來產品開發時，可以更得心應手的使用這些週邊模組與感測器，更快將自己的想法實現，希望讀者可以了解與學習到作者寫書的初衷。

許智誠　　於中壢雙連坡中央大學 管理學院

自序

　　隨著資通技術(ICT)的進步與普及，取得資料不僅方便快速，傳播資訊的管道也多樣化與便利。然而，在網路搜尋到的資料卻越來越巨量，如何將在眾多的資料之中篩選出正確的資訊，進而萃取出您要的知識？如何獲得同時具廣度與深度的知識？如何一次就獲得最正確的知識？相信這些都是大家共同思考的問題。

　　為了解決這些困惱大家的問題，永忠、智誠兄與敝人計畫製作一系列「Maker系列」書籍來傳遞兼具廣度與深度的軟體開發知識，希望讀者能利用這些書籍迅速掌握正確知識。首先規劃「以一個 Maker 的觀點，找尋所有可用資源並整合相關技術，透過創意與逆向工程的技法進行設計與開發」的系列書籍，運用現有的產品或零件，透過駭入產品的逆向工程的手法，拆解後並重製其控制核心，並使用 Arduino 相關技術進行產品設計與開發等過程，讓電子、機械、電機、控制、軟體、工程進行跨領域的整合。

　　近年來 Arduino 異軍突起，在許多大學，甚至高中職、國中，甚至許多出社會的工程達人，都以 Arduino 為單晶片控制裝置，整合許多感測器、馬達、動力機構、手機、平板...等，開發出許多具創意的互動產品與數位藝術。由於 Arduino 的簡單、易用、價格合理、資源眾多，許多大專院校及社團都推出相關課程與研習機會來學習與推廣。

　　以往介紹 ICT 技術的書籍大部份以理論開始、為了深化開發與專業技術，往往忘記這些產品產品開發背後所需要的背景、動機、需求、環境因素等，讓讀者在學習之間，不容易了解當初開發這些產品的原始創意與想法，基於這樣的原因，一般人學起來特別感到吃力與迷惘。

　　本書為了讀者能夠深入了解產品開發的背景，本系列整合 Maker 自造者的觀念與創意發想，深入產品技術核心，進而開發產品，只要讀者跟著本書一步一步研習與實作，在完成之際，回頭思考，就很容易了解開發產品的整體思維。透過這樣的思路，讀者就可以輕易地轉移學習經驗至其他相關的產品實作上。

所以本書是能夠自修的書，讀完後不僅能依據書本的實作說明準備材料來製作，盡情享受 DIY(Do It Yourself)的樂趣，還能了解其原理並推展至其他應用。有興趣的讀者可再利用書後的參考文獻繼續研讀相關資料。

　　本書的發行有新的創舉，就是以電子書型式發行，在國家圖書館 (http://www.ncl.edu.tw/)、國立公共資訊圖書館 National Library of Public Information(http://www.nlpi.edu.tw/)、台灣雲端圖庫(http://www.ebookservice.tw/)等都可以免費借閱與閱讀，如要購買的讀者也可以到許多電子書網路商城、Google Books 與 Google Play 都可以購買之後下載與閱讀。希望讀者能珍惜機會閱讀及學習，繼續將知識與資訊傳播出去，讓有興趣的眾人都受益。希望這個拋磚引玉的舉動能讓更多人響應與跟進，一起共襄盛舉。

　　本書可能還有不盡完美之處，非常歡迎您的指教與建議。近期還將推出其他 Arduino 相關應用與實作的書籍，敬請期待。

　　最後，請您立刻行動翻書閱讀。

蔡英德 於台中沙鹿靜宜大學主顧樓

目 錄

工業 4.0 系列

　　本書主要是在工業 4.0 環境之中，需要一個雲端平台的來針對所有裝置資料進行儲存、分享、運算、分析、展示、整合運用…等廣範用途，上述這些需求，我們需要一個簡易、方便與擴展性高雲端服務。

　　筆者針對上面需求為主軸，以 QNAP 威聯通 TS-431P2-1G 4-Bay NAS 主機為標的物，從硬體安裝、設定、到系統建置、網頁伺服器安裝與設定到資料庫管理與建置範例，一步一步以圖文並茂方式呈現出來，主要是給讀者熟悉使用 Arduino 或其他開發板，再開發物聯網、工業 4.0 等用途時，針對雲端的運用，可以自行建置一個商業級的雲端服務，其穩定性、安裝困難度、維護成本都遠低於自行組立的主機系統，省下來的時間可以讓讀者可以專注在開發物聯網、工業 4.0 等產品有更多的心力。

　　所以本書要介紹台灣、中國、歐美等市面上最常見的雲端伺服器商業產品，並一步一步以圖文並茂方式呈現建置、安裝、設定..等過程，期望讀者可以輕鬆學會這些產品建置技巧，進而在更高端、專業的伺服器安裝與設定上，可以類推學到的建置暨能，往更高的技術層次前進。

　　未來筆者希望可以推出更多的入門書籍給更多想要進入『工業 4.0』、『物聯網』這個未來大趨勢，所有才有這個工業 4.0』系列的產生。

CHAPTER

NAS 硬體安裝篇

物聯網時代來臨，筆者寫過許多智慧家居的文章(曹永忠, 2015a, 2015b, 2015c, 2016a, 2016b, 2016c, 2016d, 2016e, 2016f, 2016g, 2016h, 2016i, 2017a, 2017b; 曹永忠, 許智誠, & 蔡英德, 2015a, 2015b, 2015c, 2015d, 2015e, 2016a, 2016b, 2016c, 2016d)，也接收到許多讀者的來信，對於資料主機建置與設定及雲端服務架設與調教仍有許多不懂之處，希望筆者可以對這些主題分享一些經驗與教學，所以先將發表主題轉到這些主題，所以筆者先介紹資料主機建置與設定，來讓許多讀者可以先行建置公司、企業、組織等可以對應的硬體需求，所謂工欲善其事，必先利其器(曹永忠, 2018a)。

這幾年來，由於網路儲存大量被個人、企業、組織…所需要，加上網路安全與安全監控迫切需要，產生許多各式各樣的警監系統供應整個市場需求，而警監系統的核心需要也是影音儲存中心，所以網路連接儲存裝置（英語：Network Attached Storage：NAS）隨之興起。網路連接儲存裝置(NAS)是一種專門的資料儲存技術的名稱，它可以直接連接在電腦網路上面，對異質網路使用者提供了集中式資料存取服務。

NAS 和傳統的檔案儲存服務或直接儲存裝置(DAS)不同的地方，在於 NAS 裝置上面的作業系統和軟體只提供了資料儲存、資料存取、以及相關的管理功能。此外，NAS 裝置也提供了不止一種檔案傳輸協定，而且提供一個以上的硬碟，而且和傳統的檔案伺服器一樣，許多 NAS 還提供 RAID 備援服務。

由於 NAS 的型式很多樣化，可以是一個大量生產的嵌入式裝置，也可以在一般的電腦上執行 NAS 的軟體。

NAS 用的是以檔案為單位的通訊協定，例如像是 NFS（在 UNIX 系統上很常見）或是 SMB（常用於 Windows 系統）。人們都很清楚它們的運作模式，相對之下，儲存區域網路（SAN）用的則是以區段為單位的通訊協定、通常是透過 SCSI 再轉

為光纖通道或是 iSCSI。還有其他各種不同的 SAN 通訊協定，像是 ATA over Ethernet 和 HyperSCSI 等。

NAS 介紹

NAS 一開始是在 1983 年 Novell[1] 公司的 NetWare 作業系統[2] 裡面的檔案分享功能和 NCP 通訊協定裡面所引進來的觀念；而在 UNIX 界，1984 年時昇陽[3] 發表了 NFS[4]，讓網路伺服器之間能夠利用網路程式彼此能夠分享儲存空間。

3Com[5]的 3Server 和 3+Share 軟體是當時第一個為了開放系統伺服器而特別設計的伺服器（其中包括了專屬軟硬體及多台磁碟機），該公司也從 1985 年到 1990 年代初期一直領導時代的潮流，3Com 和微軟在這個新市場上還合作開發了 LAN Manager 軟體及其通訊協定。

受到 Novell 的檔案伺服器的啟發，IBM、昇陽、以及其他相當多的公司都開始

---

[1] 網威（Novell）是一家專門從事網路作業系統如 Novell NetWare 與 Linux、安全身分管理工具及應用整合與合作方案的美國高科技企業

[2] Novell Netware 即 Novell 網路作業系統，該網路作業系統是 Novell 公司的產品。在 Windows 系統盛行之前，個人電腦是運作在 Command Line 的環境，此時的網路架構，都是以 Novell Netware 來建構而成。

[3] 昇陽電腦（Sun Microsystems），台灣公司原稱作昇陽電腦股份有限公司，現為美商甲骨文有限公司台灣分公司；中國大陸分公司原稱作太陽電腦系統（中國）有限公司，現為甲骨文（中國）軟體系統有限公司。

[4] NFS 為 Network FileSystem 的簡稱，它的目的就是想讓不同的機器、不同的作業系統可以彼此分享個別的檔案

[5] 3Com 公司是一個全球的企業和小型企業聯網解決方案供應商，提供網路交換機，路由器，無線接取器，IP 語音系統和入侵預防系統等產品。3Com 由羅伯特·梅特卡夫博士於 1979 年創立。目前公司總部位於美國麻薩諸塞州馬爾堡。3Com 名稱取自電腦（Computer）、通訊（Communication）與相容性（Compatibility）。

研發專屬的伺服器；3server 應該是第一家專門為桌上型作業系統開發專屬 NAS 的公司，而 Auspex Systems[6]則是第一家為 UNIX 市場開發專屬 NFS 伺服器的公司。在 1990 年代早期，Auspex 公司的一些員工獨立出來開了另一家叫 Network Appliance 的公司，同時支援了 Windows 和 UNIX 系統，開啟了專屬 NAS 的市場。

目前 NAS 可大略分為「專注儲存型」(Storage NAS)以及「整合平台型」(Platform NAS)兩種，後者即為具備自身作業系統。就平台式 NAS 而言，現今全球著名品牌為華芸科技（ASUSTOR）、普安科技(Infortrend)、詮力科技（ITE2）、威聯通科技（QNAP）、與群暉科技（Synology）、樺賦科技（Thecus）等。

筆者將使用威聯通科技（QNAP）的 NAS 產品來當為文章硬體主題，由於威聯通科技股份有限公司 (QNAP Systems, Inc.)，這幾年來針對優質網路應用設備的產品發展迅速，企業目標以提供全面及先進的 NAS 網路儲存裝置及 NVR 安全監控系統解決方案為最大核心事業，所以筆者以該公司 TS-431P2 產品為主機介紹主體 (如下圖所示)。

TS-431P2 具備 3 個 USB 3.0 埠和雙 GbE 網路埠，提供順暢傳輸效能及安全的私有雲儲存空間，協助您完成資料備份、同步、分享及遠端存取等任務。

TS-431P2 搭載高效能四核心處理器，讓您可透過 Qfiling 智能歸檔及 Qsirch 全文檢索功能，便利地管理及搜尋 NAS 中的檔案；也可利用 Notes Station 輕鬆打造個人雲端筆記本，並分享筆記內容給親朋好友，在電子郵件服務方面可以利用 QmailAgent 集中管理多個電子郵件帳號，有效率地收發、管理與備份電子郵件；或利用 Qcontactz 匯入並集中管理聯絡人資料，用私有雲守護千萬人脈存摺。

TS-431P2 並支援快照機制 (Snapshots)，當系統發生異常或遭受加密勒索病毒威脅時，便可隨時透過快照進行還原，維持工作或服務正常運作不間斷。

---

[6] Auspex Systems was a computer data storage company founded in 1987 by Larry Boucher, who was previously CEO of Adaptec. It was headquartered in Santa Clara, California.

TS-431P2 亦可連結各種物聯網裝置，搭配 QNAP 獨家開發之 QIoT Suite Lite 套件所提供的眾多模組化應用，快速打造個人專屬的 IoT 應用，其規格如下。

- 高效能四核心處理器，記憶體可擴充至 8GB
- 順暢運作 Qfiling 智能歸檔及 Qsirch 全文檢索功能
- 整機加密及硬體加速技術保護重要資料、跨裝置檔案同步
- 支援 Container Station 及 QIoT Suite Lite，提供容器虛擬化應用與 IoT 應用開發功能
- 支援 QmailAgent 郵件收發總代理與 Qcontactz 私有雲連絡人管家
- 透過 DLNA®、AirPlay® 和 Chromecast™ 串流影像，在大螢幕上欣賞相片及高畫質影片
- 打造安全監控中心，全天候守護您的家庭和辦公室環境

TS-431P2 搭載 ARM® Cortex®-A15 核心架構，AnnapurnaLabs, an Amazon company Alpine AL-314 四核心 1.7 GHz 處理器，目前有 1 GB 及 4 GB DDR3 記憶體機種，其內建一個記憶體擴充槽最大可支援 8GB DDR3 RAM, 且記憶體提供高達 221 MB/s 讀取速度和 195 MB/s 寫入速度，在整機機密 (AES 256-bit) 的情況下，亦可提供超過 220 MB/s 的資料傳輸速度，在保護 NAS 重要資料的同時，仍維持系統的高效能及安全性，尤其適合家庭、小型辦公室和個人工作室使用。

該機器作為多媒體影音中心時，亦可安裝高傳輸速率的 USB 802.11ac 及 802.11n 雙頻 2.4GHz/5GHz Wi-Fi 網卡，縮短多檔傳輸或影音大檔傳輸所需時間。

TS-431P2 搭載新一代 64 位元化 QTS 4.3 作業系統，將多款應用程式與功能模組化，強勢集結企業需求、個人生產力、與多媒體應用等全方位管理，並導入多種智慧代理服務與讓資料與系統支援更具彈性的自動化程序，提升管理效率。

圖 1 QNAP TS-431P2 主機

硬體開箱

由於網購商品非常簡單，筆者透過 PC HOME 線上購物(網址：
https://24h.pchome.com.tw/)購買 QNAP 威聯通 TS-431P2-1G 4-Bay NAS(網址：
https://24h.pchome.com.tw/prod/DRAG05-A9008EQU0)當為主機。

圖 2 PC Home 網路商城商品

拆開之後，如下圖所示，為 TS-431P2 主機。

圖 3　TS-431P2 主機(含外殼包裝)

在拆開外殼包裝之後，如下圖所示，為 TS-431P2 主機。

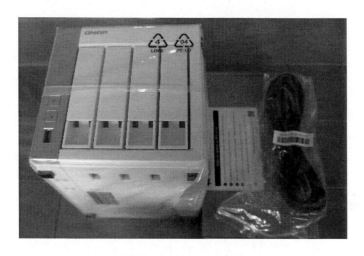

圖 4　TS-431P2 主機

我們將 TS-431P2 配件包打開之後，如下圖所示，為 TS-431P2 配件包，這裡請讀者注意，有一包細芽螺絲(12 顆)、一包粗芽螺絲(12 顆)、兩條網路線、一套電源供應組與簡單說明書。

圖 5　TS-431P2 配件包

　　如下圖所示，我們可以看到 TS-431P2 主機四個角度，下圖.(c). 之右側面為後面安裝雲端服務之雲端序號，下圖.(d). 之底面為 TS-431P2 主機之產品序號，序號為機器保固與出廠規格之依據，請讀者要先拍照紀錄，以防萬一。

(a). TS-431P2 主機(前面)

(b). TS-431P2 主機(背面)

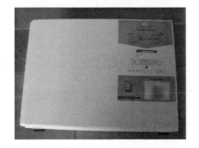

(c). TS-431P2 主機(右側面)

(d). TS-431P2 主機(底面)

圖 6　TS-431P2 主機四個角度

電源供應器組立

如下圖所示，為電源供應器主端。

圖 7 電源供應器主端

如下圖所示，為電源供應器插頭線端。

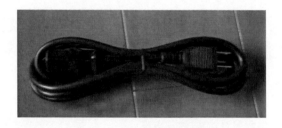

圖 8 電源供應器插頭線端

如下圖所示，請將上兩圖之物件整合為下圖之電源供應器。

圖 9 電源供應器

如下圖所示，取出電源供應器之電源輸出端。

圖 10 電源供應器之電源輸出端

如下圖所示，為 TS-431P2 主機電源輸入端。

圖 11 TS-431P2 主機電源輸入端

如下圖所示，找出電源供應器之電源輸出端與 TS-431P2 主機電源輸入端。

圖 12 電源供應器之電源輸出端與 TS-431P2 主機電源輸入端

如下圖所示，將電源供應器之電源輸出端插入 TS-431P2 主機電源輸入端。

圖 13 電源供應器之電源輸出端插入 TS-431P2 主機電源輸入端

硬碟組立

如下圖所示，找出 TS-431P2 主機前面板。

圖 14 TS-431P2 主機前面板

如下圖所示，將 TS-431P2 主機前面板硬碟插槽打開。

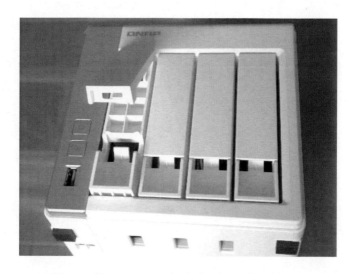

圖 15 將 TS-431P2 主機前面板硬碟插槽打開

如下圖所示，取出第一個硬碟插槽.。

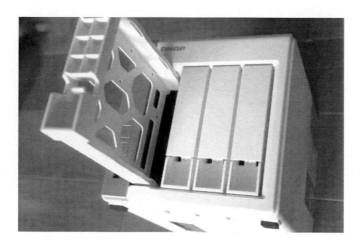

圖 16 取出第一個硬碟插槽.

如下圖所示，取出第二個硬碟插槽。

圖 17 取出第二個硬碟插槽

接下來把第三個硬碟插槽與第四個硬碟插槽都取出，如下圖所示，取出所有硬碟插槽。

圖 18 取出所有硬碟插槽

如下圖所示，為四個空硬碟插槽。

圖 19 四個空硬碟插槽

接下來，由於價格與直接觀示硬碟的因素，如下圖所示，筆者直接到順發電腦
賣場去購買四顆 4T 硬碟。

圖 20 四顆 4T 硬碟

如下圖所示，拆開四顆 4T 硬碟包裝。

圖 21 拆開四顆 4T 硬碟包裝

如下圖所示，找出硬碟螺絲。

圖 22 找出硬碟螺絲

如下圖所示，放置第一顆硬碟。

圖 23 放置第一顆硬碟

如下圖所示，檢視第一顆硬碟方向。

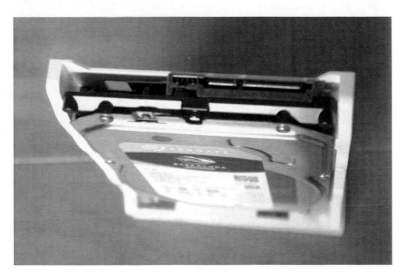

圖 24 檢視第一顆硬碟方向

如下圖所示，注意硬碟螺絲孔。

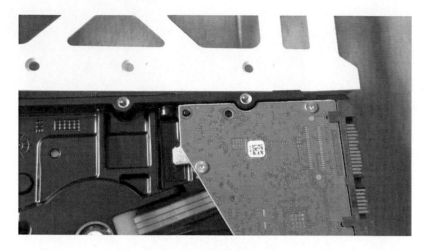

圖 25 注意硬碟螺絲孔

如下圖紅框所示，對準硬碟螺絲孔。

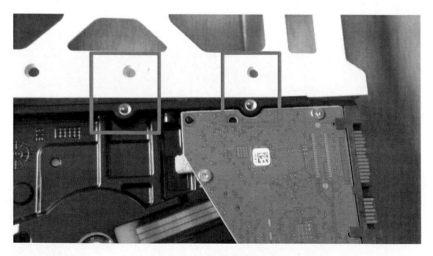

圖 26 對準硬碟螺絲孔

如下圖所示，鎖好第一顆硬碟螺絲。

圖 27 鎖好第一顆硬碟螺絲

如下圖所示，鎖好四顆硬碟螺絲。

圖 28 鎖好四顆硬碟螺絲

如下圖所示，鎖好四顆硬碟的螺絲。

圖 29 鎖好四顆硬碟的螺絲

如下圖所示，完成硬碟托盤架組立。

圖 30 完成硬碟托盤架組立

如下圖所示，我們將安裝第一顆硬碟托盤下方卡榫打開，準備安裝第一顆硬碟。

圖 31 準備安裝第一顆硬碟

如下圖所示，插入第一顆硬碟。

圖 32 插入第一顆硬碟

如下圖所示，裝入第一顆硬碟並按下卡榫。

圖 33 裝入第一顆硬碟並按下卡榫

如下圖所示,裝入其他三顆硬碟。

圖 34 裝入其他三顆硬碟

如下圖所示,按下三顆硬碟卡榫。

圖 35 按下三顆硬碟卡榫

如下圖所示，我們完成四顆硬碟安裝。

圖 36 完成四顆硬碟安裝

網路線安裝

如下圖所示，找出網路線。

圖 37 找出網路線

如下圖所示，找出網路線。

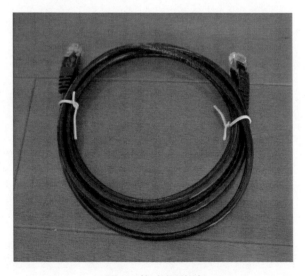

圖 38 找出網路線

如下圖所示，找出主機網路插孔。

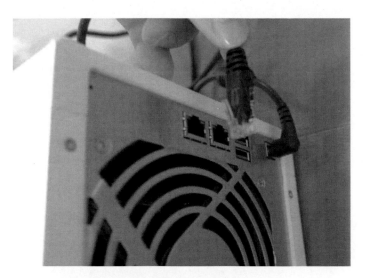

圖 39 找出主機網路插孔

如下圖所示，將網路線一端插入主機網路插孔。

圖 40 插入主機網路插孔

如下圖所示，找出您家裡或公司或其他可以上網之有線網路集線器之網路插座。

圖 41 找出網路集線器之網路插座

如下圖所示，將網路線之另一端網路插頭插入網路集線器之網路插座。

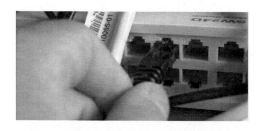

圖 42 插入網路集線器之網路插座

如下圖所示，完成插入網路集線器之網路插座。

圖 43 完成插入網路集線器之網路插座

電力安裝

如下圖所示，找出電源供應器之電力插頭。

圖 44 找出電源供應器之電力插頭

如下圖所示,我們將電源供應器之電力插頭插入電源插座。

圖 45 插入電源插座

如下圖所示,打開電源插座電源。

圖 46 打開電源插座電源

　　到此，我們已經完成 QNAP 威聯通 TS-431P2-1G 4-Bay NAS 之硬體安裝，相信讀者可以清楚了解如何安裝 QNAP 威聯通 TS-431P2-1G 4-Bay NAS 主機。

章節小結

　　本文主要告訴讀者，如何將市售的 NAS 主機產品，對其主機硬體安裝，一步一步安裝教學，讀者可以清楚了解如何安裝 QNAP 威聯通 TS-431P2-1G 4-Bay NAS 主機，其他 QNAP 型號或其他廠牌的 NAS 也都是大同小異， 相信讀者可以融會貫通。

2

CHAPTER

NAS 硬體設定篇

上章 NAS 硬體安裝篇(曹永忠, 2018a)中，筆者介紹了 QNAP 威聯通 TS-431P2-1G 4-Bay NAS(網址：https://24h.pchome.com.tw/prod/DRAG05-A9008EQU0)主機硬體安裝的詳細過程(如下圖所示)(曹永忠, 2018a)，相信許多讀者閱讀後也會有躍躍欲試的衝動，本文將介紹 NAS 主機的硬體設定內容，介紹完後，相信讀者就可以完整將雲端主機建立出來(曹永忠, 2018b)。

下載裝機設定軟體

首先我們到網址：https://www.qnap.com/zh-tw/utilities，QNAP 官網的 Qfinder 網頁(網址：https://www.qnap.com/zh-tw/utilities)，如下圖所示。

圖 47　Qfinder 網頁

進入到 Qfinder 網頁(網址：https://www.qnap.com/zh-tw/utilities)之後，把網頁往下拉，如下圖所示，為 Qfinder 主網頁。

圖 48　Qfinder 主網頁

到 Qfinder 網頁，把網頁再往下拉，如下圖所示，為 Qfinder 下載網頁。

圖 49　Qfinder 下載網頁

請讀者下載用戶端硬體與作業系統對應的軟體版本，如下圖所示，筆者為

Windows 的版本。

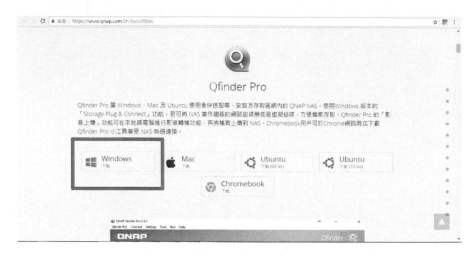

圖 50 下載用戶端軟體

下載之後，請讀者到下載區點選下圖紅框區所示之軟體，進行安裝。

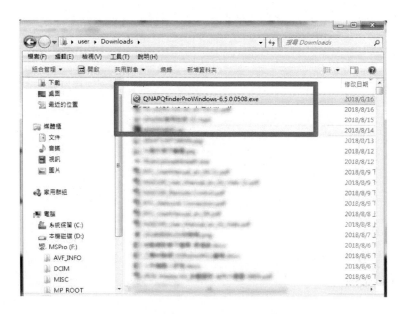

圖 51 點選下載用戶端軟體

如下圖所示，同意安裝軟體。

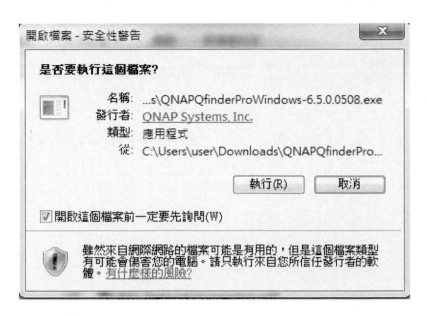

圖 52 同意安裝軟體

如下圖所示，開始安裝軟體。

圖 53 開始安裝軟體

下載完成後，請點選該軟體，執行安裝步驟，如下圖所示，為 Qfinder 安裝步驟。

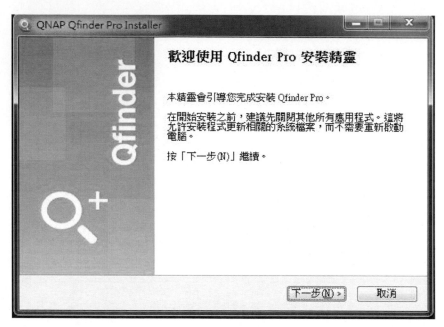

(a).開始安裝

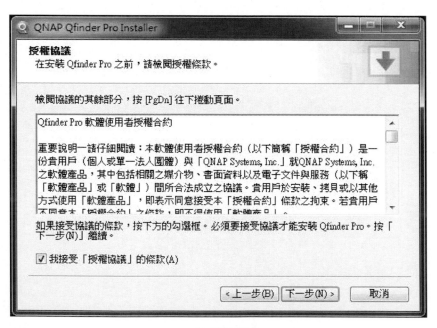

(b).版權宣告

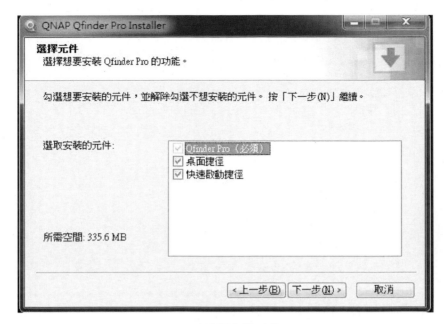

(c).選擇安裝功能

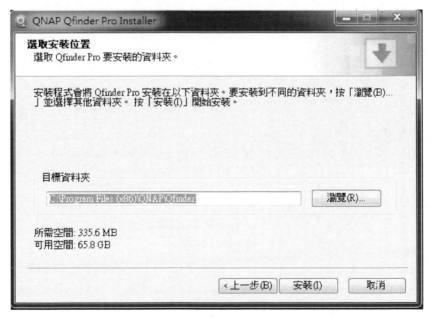

(d).設定安裝路徑

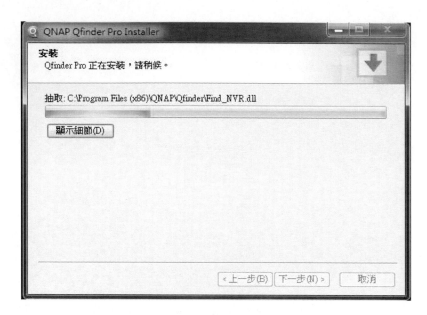

(e).安裝進行中

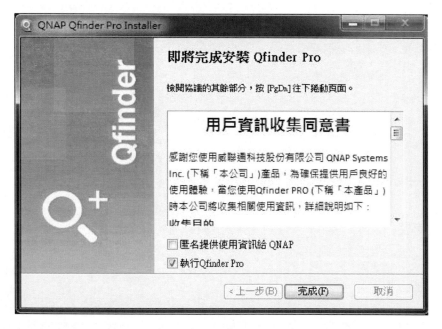

(f).安裝完成

圖 54　Qfinder 安裝步驟

主機設定

如下圖所示，為 QNAPQfinderPro 第一次啟動畫面。

圖 55　QNAPQfinderPro 第一次啟動畫面

如下圖所示，系統 QNAPQfinderPro 詢問是否智慧安裝。

圖 56　QNAPQfinderPro 詢問是否智慧安裝

如同意後，會啟動瀏覽器後，進入上圖所示之網址之 NAS，如下圖所示，進入智慧安裝步驟。

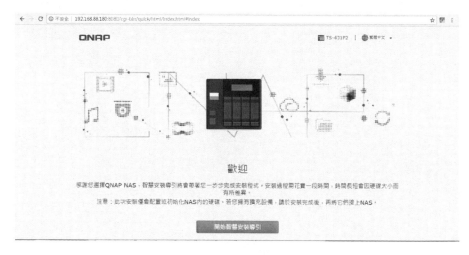

圖 57　進入智慧安裝步驟

如下圖所示，請設定 NAS 名稱。

圖 58　設定 NAS 名稱

如下圖所示，為設定 admin 密碼。

圖 59　設定 admin 密碼

如下圖所示，設定時區。

圖 60　設定時區

如下圖所示，為測試校時伺服器是否正常運作。

圖 61　測試校時伺服器是否正常運作

如下圖所示，看到成功(Success)為校時伺服器正常運作。

圖 62　校時伺服器正常運作

如下圖所示，為設定取得網路網址方式。

圖 63　設定取得網路網址方式

如下圖所示，一般而言，伺服器多為固定 IP，所以設定固定 IP 位址。

圖 64　設定固定 IP 位址

如下圖所示，為設定子網路遮罩。

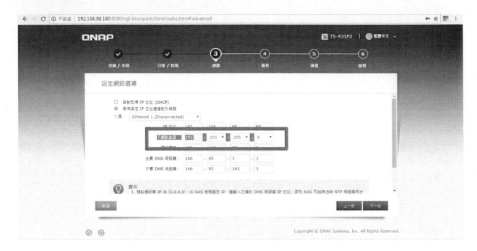

圖 65 設定子網路遮罩

如下圖所示，為設定閘道器。

圖 66 設定閘道器

如下圖所示，為設定 DNS 主機網址。

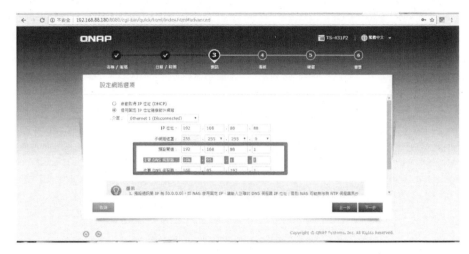

圖 67　設定 DNS 主機網址

如下圖所示，為設定第二台 DNS 主機網址。

圖 68　設定 DNS 主機網址二

如下圖所示，為完成設定網路選項。

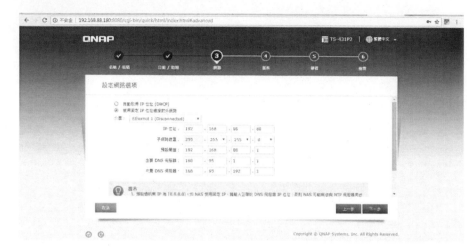

圖 69　完成設定網路選項

如下圖所示，設定檔案傳輸選項。

圖 70　設定檔案傳輸選項

如下圖所示，設定硬碟組態選項。

圖 71　設定硬碟組態選項

如下圖所示，設定硬碟組態為完整配製磁碟區。

圖 72　設定硬碟組態為完整配製磁碟區

我們參考 QNAP 官網文件(網址：http://docs.qnap.com/nas/QTS4.3.4/tc/GUID-1C1A9F93-B758-41C5-86F1-D731BEFCE793.html#GUID-1C1A9F93-B758-41C5-86F1-D731BEFCE793)，如下圖所示，為磁碟區類型介紹。

磁碟區

磁碟區是 NAS 內部的部分儲存空間。每個磁碟區皆從儲存池或 RAID 群組的儲存空間建立。磁碟區可用來分割和管理儲存空間。QNAPNAS 裝置支援三種磁碟區類型。

表格 1 磁碟區類型

	磁碟區類型		
	單一靜態配置	多重完整配置	多重精簡配置
摘要	整體讀取/寫入效能最佳，但不支援最進階的功能	兼顧效能與彈性	可讓您提高儲存空間的配置效率
讀取/寫入速度	隨機寫入速度最快	好	好
彈性	彈性差 只能藉由在 NAS 新增磁碟機來擴充磁碟區。	彈性高 可輕鬆擴充磁碟區的空間。	彈性很高 可輕鬆擴充磁碟區的空間；未使用的空間可回收至上層儲存池。
上層儲存空間	RAID 群組	儲存池	儲存池
可在上層儲存空間建立的磁碟區數量	一個	一個或以上	一個或以上
初始空間大小	上層 RAID 群組的空間大小	由使用者設定	零 儲存池空間乃隨需配置，而資料會寫入磁碟區。這又稱為*動態配置*。
空間上限	上層 RAID 群組的	上層儲存池的空間	上層儲存池剩餘空

	磁碟區類型		
	單一靜態配置	多重完整配置	多重精簡配置
	空間大小	大小	間的二十倍。精簡配置磁碟區的空間大小可超過其上層儲存池。這又稱為*過度配置*。
刪除資料的影響	釋出磁碟區的空間	釋出磁碟區的空間	QTS可將空間回收到上層儲存池。
新增儲存空間的方法	• 在 NAS 新增硬碟 • 使用容量更高的硬碟取代現有硬碟	從上層儲存池配置更多空間	從上層儲存池配置更多空間
支援快照（快速備份與還原）	否	是	是
支援 Qtier（自動資料分層）	否	是	是

關於完整配置磁碟區之內容，筆者參考網路達人 Relk 的文章：QNAP 原廠技術講習筆記(網址：https://blog.downager.com/2018/06/12/%E9%9A%A8%E7%AD%86-QNAP-%E5%8E%9F%E5%BB%A0%E6%8A%80%E8%A1%93%E8%AC%9B%E7%BF%92%E7%AD%86%E8%A8%98/)，其介紹磁碟區圖如下圖所示：

圖 73　完整配製磁碟區

資料來源：https://blog.downager.com/2018/06/12/%E9%9A%A8%E7%AD%86-

QNAP-

%E5%8E%9F%E5%BB%A0%E6%8A%80%E8%A1%93%E8%AC%9B%E7%BF%92%E7

%AD%86%E8%A8%98/QNAP_003.png(URL　　　in　　　https://blog.down-

ager.com/2018/06/12/%E9%9A%A8%E7%AD%86-QNAP-

%E5%8E%9F%E5%BB%A0%E6%8A%80%E8%A1%93%E8%AC%9B%E7%BF%92%E7

%AD%86%E8%A8%98/)

讀者應該會更了解完整配製磁碟區的用途。

如下圖所示，設定硬碟組態為完整配置

圖 74　設定硬碟組態為完整配置

如下圖所示，為設定硬碟組態，筆者使用 Segate 4T 硬碟四顆，所以採用 Raid 5 的安全機制。

圖 75　設定硬碟 Raid 5 的安全機制

如下圖所示，確認所有安裝選項

圖 76　確認所有安裝選項

如下圖所示，確認 RAID 選項。

圖 77　確認 RAID 選項

如下圖所示，確定 RAID 選項。

圖 78　確定 RAID 選項

如下圖所示，執行安裝設定。

圖 79　執行安裝設定

如下圖所示，所有設定執行完畢。

圖 80 所有設定執行完畢

第一次進入 NAS 主機

如下圖所示，依序上次主機安裝完成後，會依據您 NAS 主機的網址，進入主機，。

圖 81 第一次進入主機

如下圖所示，請選『登入』登入主機。

圖 82　登入主機

如下圖所示，為 NAS 登入畫面。

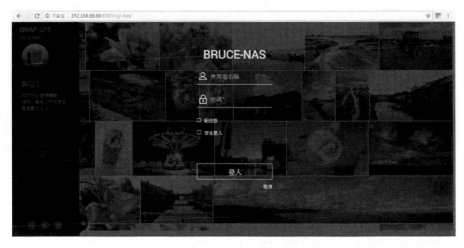

圖 83　NAS 登入畫面

如下圖所示，輸入帳號與密碼。

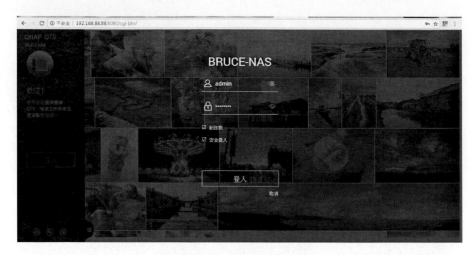

圖 84 輸入帳號與密碼

如下圖所示，為安全性選項警示畫面。

圖 85 安全性選項警示

如下圖所示，仍繼續執行。

圖 86 仍繼續執行

如下圖所示，第一次登入主機。

圖 87 第一次登入主機

進入 NAS 主機

如下圖所示，第一次啟動與登入 NAS 主機，畫面會顯示檢查系統更新。

圖 88　檢查系統更新

如下圖所示，請同意更新系統。

圖 89　同意更新

如下圖所示，系統會更新 QTS 到最新版本。

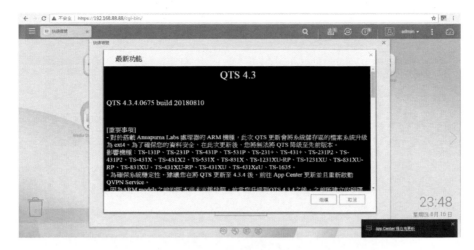

圖 90 更新 QTS

如下圖所示，更新 QTS 進行中。

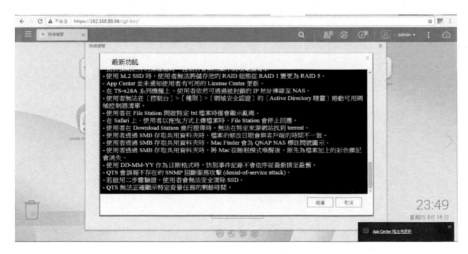

圖 91 更新 QTS 進行中

如下圖所示，更新 QTS 進行中。

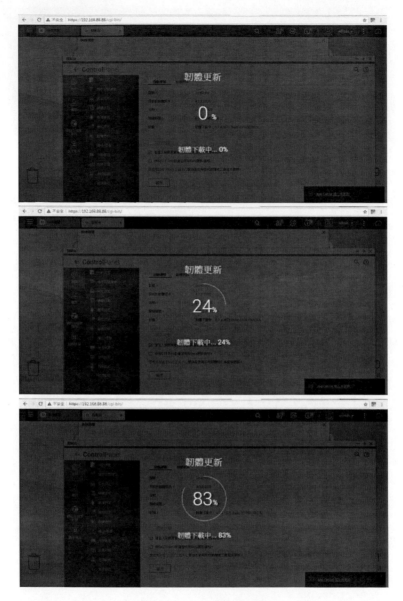

圖 92　QTS 軟體下載中

如下圖所示，為 QTS 軟體下載中畫面。

圖 93　QTS 韌體更新心中

如下圖所示，為韌體更新完成畫面。

圖 94　韌體更新完成

如下圖所示，請同意重啟 NAS。

圖 95　同意重啟 NAS

如下圖所示，為 NAS 重啟畫面。

圖 96　NAS 重啟畫面

正式進入 NAS 主機

如下圖所示，為正式進入 NAS 主機畫面。

圖 97 正式進入 NAS 主機

如下圖所示，請輸入帳號密碼登入 NAS 主機。

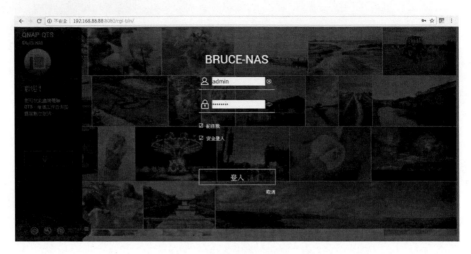

圖 98 使用帳號密碼登入

如下圖所示，為 NAS 系統主畫面。

圖 99 NAS 系統主畫面

完成設定後 NAS 關機

如下圖所示，請選擇 admin 選項。

圖 100 選擇 admin 選項

如下圖所示，請選擇關機。

圖 101 選擇關機

如下圖所示，出現關機選項。

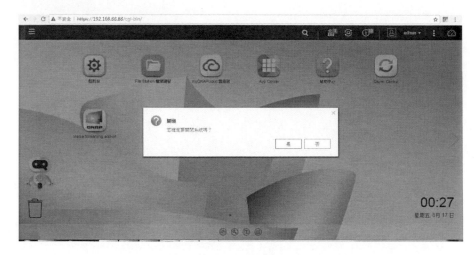

圖 102　出現關機選項

如下圖所示，請同意關機。

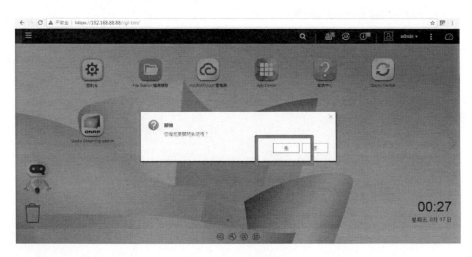

圖 103　同意關機

如下圖所示，NAS 主機關機中，等到關機完成後，NAS 主機自動會關閉電源，請不要自行關閉 NAS 主機。

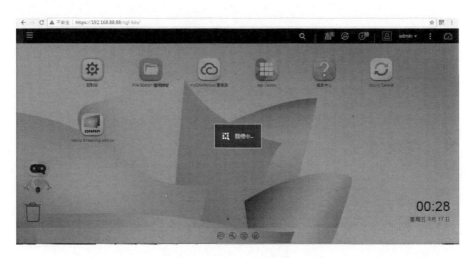

圖 104　NAS 主機關機

到此，我們已經完成 QNAP 威聯通 TS-431P2-1G 4-Bay NAS 之網路設定、硬碟選項、韌體安裝，系統更新、相信上述一步一步的安裝步驟，讀者可以清楚了解如何設定好 QNAP 威聯通 TS-431P2-1G 4-Bay NAS 主機。

章節小結

本文主要針對 NAS 硬體設定方面，告訴讀者，如何將市售的 NAS 主機產品，對其主機網路設定、硬碟選項、韌體安裝，系統更新，一步一步安裝教學，讀者可以清楚了解如何設定好 QNAP 威聯通 TS-431P2-1G 4-Bay NAS 主機，其他 QNAP 型號或其他廠牌的 NAS 設定也都是大同小異， 相信讀者可以融會貫通。

3

CHAPTER

網頁主機設定篇

筆者上章節介紹 NAS 硬體設定內容，教讀者如何初始化設定 QNAP 威聯通 TS-431P2-1G 4-Bay NAS(曹永忠, 2018b)，相信許多讀者閱讀後也會有躍躍欲試的衝動，接下來本文將介紹如何使用 NAS 主機，當為一台網頁主機，相信介紹完後，相信讀者就可以完整將雲端網頁主機建立出來(曹永忠, 2018d)。

進入 NAS 主機

如下圖所示，依據您 NAS 主機的網址，進入主機，。

圖 105 進入主機

如下圖所示，請選『登入』登入主機。

圖 106　登入主機

如下圖所示，為 NAS 登入畫面。

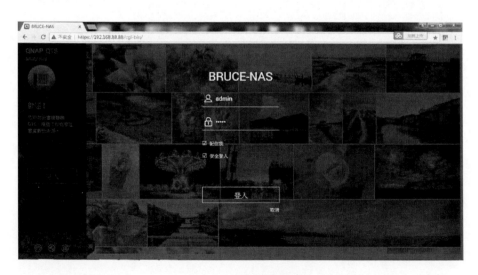

圖 107　NAS 登入畫面

如下圖所示，輸入帳號與密碼。

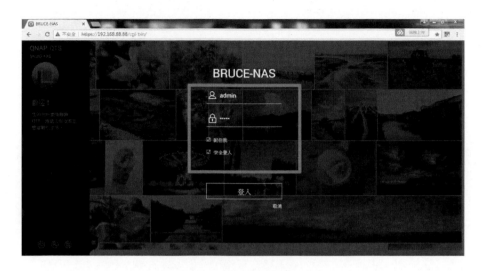

圖 108　輸入帳號與密碼

如下圖所示，輸入帳號與密碼之後登入主機。

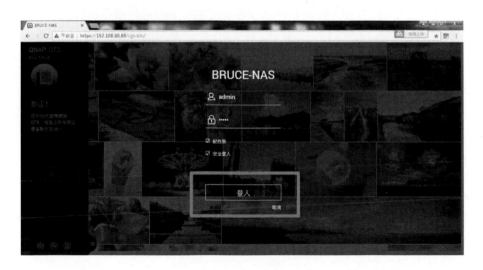

圖 109　登入主機

如下圖所示，為安全性選項警示畫面。

圖 110 安全性選項警示

如下圖所示，仍繼續執行。

圖 111 仍繼續執行

如下圖所示，登入主機，下面為主畫面。

圖 112 主機主畫面

啟動網頁主機

如下圖所示，登入 NAS 主機之後可以看到下列畫面。

圖 113 主機主畫面

如下圖所示，請點選控制台的圖示。

圖 114　進入控制台

如下圖所示，系統進到控制台主畫面。

圖 115　控制台主畫面

如下圖所示，請點選網站伺服器設定。

圖 116　點選網站伺服器設定

如下圖所示，進入網站伺服器設定畫面中，啟動網站伺服器。

圖 117　QTS 啟動網站伺服器

如下圖所示，勾選啟動網站伺服器後，請點選套用啟動設定。

圖 118　QTS 韌體更新心中

接下來我們回到系統主畫面。

圖 119 主機主畫面

如下圖所示，我們點選檔案總管。

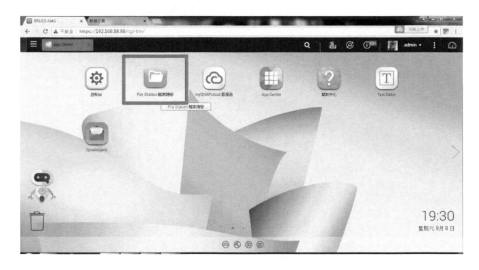

圖 120　點選檔案總管

如下圖所示，請進入 Web 資料夾。

圖 121　進入 Web 資料夾

如下圖所示，請再畫面之中按下滑鼠右鍵，新增資料夾。

圖 122　按下滑鼠右鍵

如下圖所示，出現新增資料夾畫面。

圖 123　新增資料夾畫面

如下圖所示，請再畫面之輸入要建立的資料夾名稱(iot)。

圖 124　輸入要建立的資料夾名稱(iot)

如下圖所示，完成建立的資料夾(iot)。

圖 125　完成建立的資料夾(iot)

如下圖所示，請再畫面之回到網站伺服器設定畫面。

圖 126　回到網站伺服器設定畫面

如下圖所示，請啟動虛擬主機。

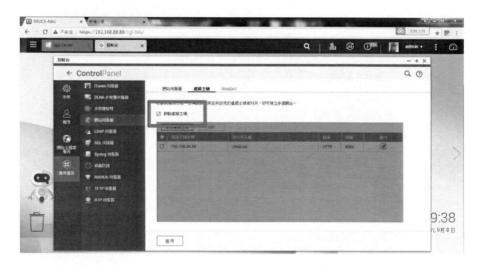

圖 127　啟動虛擬主機

如下圖所示，請開始建立虛擬主機。

圖 128 開始建立虛擬主機

如下圖所示，請輸入虛擬主機資料。

圖 129 輸入虛擬主機資料

如下圖所示，請確定輸入虛擬主機資料。

圖 130 確定輸入虛擬主機資料

如下圖所示,我們就產生一台虛擬主機。

圖 131 產生一台虛擬主機

如下圖所示,請再畫面之中按下套用啟動虛擬主機。

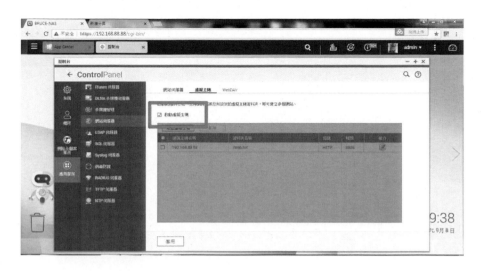

圖 132　啟動虛擬主機

瀏覽網頁主機

如下圖所示，我們再查看虛擬主機資訊。

圖 133 查看虛擬主機資訊

如下圖所示，請啟動瀏覽器。

圖 134 啟動瀏覽器

如下圖所示，請在瀏覽器網址列輸入網址。

圖 135 輸入網址

如下圖所示，我們網址列輸入網址：http://192.168.88.88:8888/。

圖 136　輸入虛擬主機網址

如下圖所示，我們發現無法連入虛擬主機。

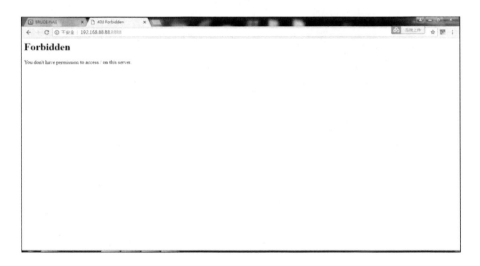

圖 137　無法連入虛擬主機

產生預設網頁資料進行預覽

如下圖所示，再回到檔案總管。

圖 138 再回到檔案總管

如下圖所示,請進入 IOT 目錄。

圖 139 進入 IOT 目錄

如下圖所示,我們使用任何一套純文字編輯器,本文使用『NOTEPAD++』軟體,進入後新增檔案後,鍵入下列資料:

```
<html>

if you see this .

Web is done.


</html>
```

圖 140 產生預設主頁的 html 內容

如下圖所示，鍵完內容後請進行存檔。

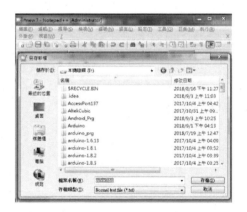

圖 141 暫存根目錄並存為網頁主檔名

如下圖所示，我們站存在根目錄下，檔名為：index.htm，如下圖所示，我們可以看到 index.htm。

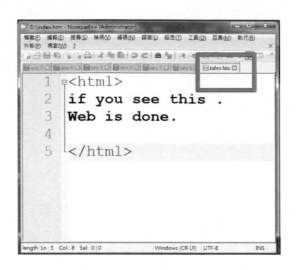

圖 142 網頁主檔名

如下圖所示，我們再回到檔案總管。

圖 143 再回到檔案總管

　　如下圖所示，我們啟動作業系統的檔案總管，如下圖所示，我們準備將網頁主檔拉入 iot 目錄。

圖 144　準備將網頁主檔拉入 iot 目錄

如下圖所示，確定我們用拖拉，把網頁主檔拉入 iot 目錄。

圖 145　把網頁主檔拉入 iot 目錄

如下圖所示，請啟動瀏覽器。

圖 146 啟動瀏覽器

如下圖所示,請在瀏覽器網址列輸入網址。

圖 147 輸入網址

如下圖所示,我們網址列輸入網址:http://192.168.88.88:8888/。

圖 148 輸入虛擬主機網址

如下圖所示，我們發網站啟動正常。

圖 149 網站啟動正常

到此，我們已經完成 QNAP 威聯通 TS-431P2-1G 4-Bay NAS 之 Apaceh 網頁主機的設定。

章節小結

　　本篇是針對 NAS 主機的網站功能，針對網頁主機設定步驟，以 QNAP 威聯通 TS-431P2-1G 4-Bay NAS 之 Apaceh 網頁主機的設定，並產生一個簡單的網頁主檔來測試網站，相信上述一步一步的設定步驟，讀者可以清楚了解如何設定好 QNAP 威聯通 TS-431P2-1G 4-Bay NAS 網站主機，其他 QNAP 型號或其他廠牌的 NAS 設定也都是大同小異， 相信讀者可以融會貫通主要告訴讀者。

CHAPTER

資料庫設定篇

上章節筆者針對 NAS，對其主機之網頁伺服器設定內容(曹永忠, 2018d)，介紹了 QNAP 威聯通 TS-431P2-1G 4-Bay NAS 網頁主機安裝與設定的詳細過程，相信許多讀者閱讀後也會有躍躍欲試的衝動。

但是網頁主機需要資料庫的搭配，更能搭配出更多的雲端服務，本文將介紹如何使用 NAS 主機，當為一台網頁主機，進而搭配資料庫，更能更建立完整的雲端服務(曹永忠, 2018c)。

進入 NAS 主機

如下圖所示，依據您 NAS 主機的網址，進入主機，。

圖 150　進入主機

如下圖所示，請選『登入』登入主機。

圖 151　登入主機

如下圖所示，為 NAS 登入畫面。

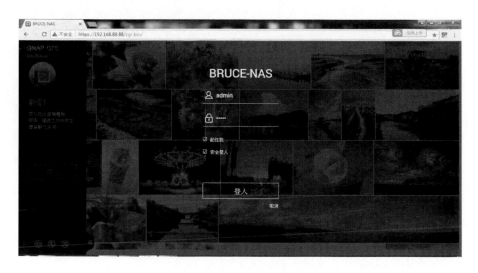

圖 152　NAS 登入畫面

如下圖所示，輸入帳號與密碼。

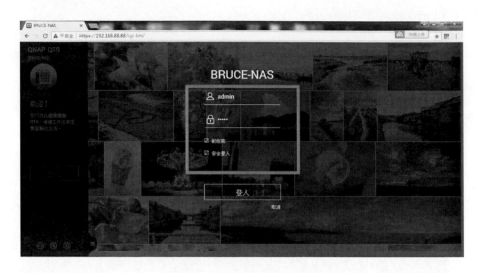

圖 153 輸入帳號與密碼

如下圖所示，輸入帳號與密碼之後登入主機。

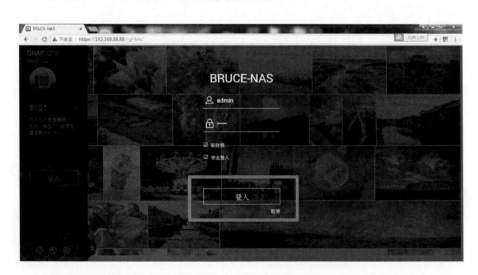

圖 154 登入主機

如下圖所示，為安全性選項警示畫面。

圖 155 安全性選項警示

如下圖所示，仍繼續執行。

圖 156 仍繼續執行

如下圖所示，登入主機，下面為主畫面。

圖 157 主機主畫面

安裝 phpMyadmin

如下圖所示，登入 NAS 主機之後可以看到下列畫面。

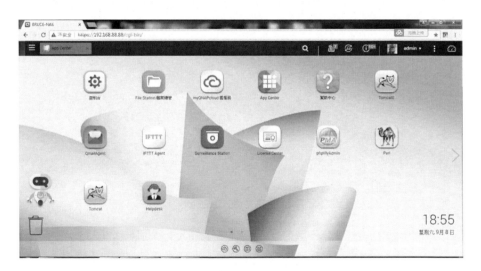

圖 158 主機主畫面

如下圖所示，進入 APP Center。

圖 159　進入 APP Center

如下圖所示，系統進到 APP Center 主畫面。

圖 160 APP Center 主畫面

如下圖所示，請點選工具後切換到工具子畫面。

圖 161　切換到工具子畫面

如下圖所示，準備安裝 phpmyadmin。

圖 162　準備安裝 phpmyadmin

如下圖所示，我們點選 phpmyadmin 圖示後，進入安裝 phpmyadmin 畫面。

圖 163　安裝 phpmyadmin 畫面

接下來我們必須先選擇安裝 phpmyadmin 所在磁區。

圖 164 選擇安裝 phpmyadmin 所在磁區

如下圖所示，確定安裝 phpmyadmin。

圖 165　確定安裝 phpmyadmin

如下圖所示，可以看到 phpmyadmin 正在安裝中。

圖 166　phpmyadmin 安裝中

等沒有多久，如下圖所示，我們可以看到安裝 phpmyadmin 完成。

圖 167   安裝 phpmyadmin 完成

登入 phpMyadmin 管理介面

如下圖所示，請啟動瀏覽器。

圖 168 啟動瀏覽器

如下圖所示，請在瀏覽器網址列輸入網址。

圖 169 輸入網址

如下圖所示，我們網址列輸入網址：https://192.168.88.88:8081/phpMyAdmin/。

圖 170 輸入 phpmyadmin 網址

如下圖所示，我們登入 phpmyadmin 管理程式，進入 phpmyadmin 主畫面。

圖 171　phpmyadmin 主畫面

如下圖所示，我們使用登入 phpmyadmin 帳號資訊，帳號：root，預設密碼：admin，輸入完畢後就可以登入。

圖 172　登入 phpmyadmin 帳號資訊

如下圖所示，我們登入之後，進入 phpmyadmin 管理主畫面。

圖 173　phpmyadmin 管理主畫面

如下圖所示，我們點選資料庫管理。

圖 174　點選資料庫管理

如下圖所示，我們進入資料庫管理主畫面。

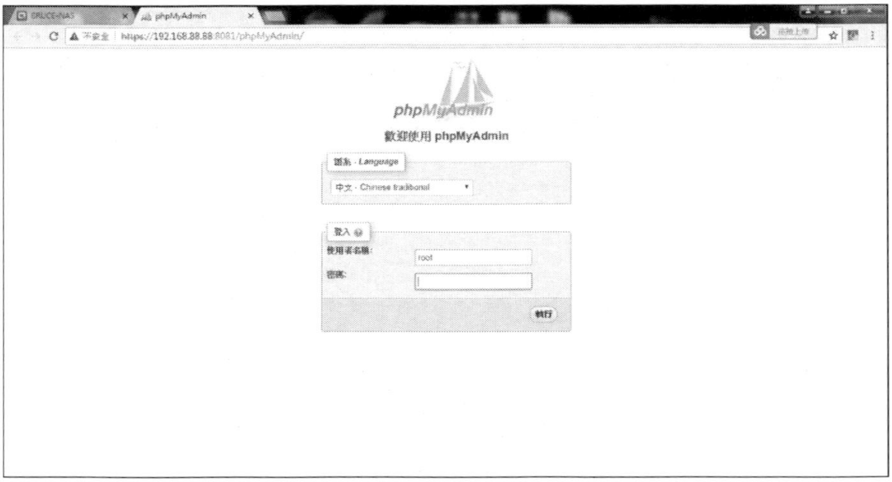

圖 175　資料庫管理主畫面

如下圖所示，我們輸入新建資料庫名稱。

圖 176　輸入新建資料庫名稱

如下圖所示，我們確定輸入新建資料庫文字編碼。

圖 177 輸入新建資料庫文字編碼

如下圖所示,我們按下鍵立資料庫。

圖 178 按下鍵立資料庫

如下圖所示,我們完成建立 iot 資料庫。

圖 179　完成建立 iot 資料庫

　　到此，我們已經完成安裝 QNAP 威聯通 TS-431P2-1G 4-Bay NAS 之 mySQL 的
管理介面系統：phpMyadmin 管理系統，並產生一個 iot 資料庫來測試資料庫系統。

章節小結

　　本篇主要告訴讀者，如何將市售的 QNAP 威聯通 TS-431P2-1G 4-Bay NAS 之
mySQL 的管理介面系統：phpMyadmin 管理系統，並產生一個 iot 資料庫來測試資
料庫系統，相信上述一步一步的設定步驟，讀者可以開始管理 mySQL 資料庫。

　　至於其他 QNAP 型號或其他廠牌的 mySQL 的管理介面系統：phpMyadmin 管理
系統的安裝與設定也都是大同小異， 相信讀者可以融會貫通。

本書總結

筆者對於 Arduino 相關的書籍，也出版許多書籍，鑒於雲端主機穩定與便利性，本書介紹市售的 QNAP 威聯通 TS-431P2-1G 4-Bay NAS 來作為雲端主機，從硬體安裝、設定到網頁伺服器與雲端資料庫的建置，一步一步的圖文步驟，讀者可以閱讀完後，就有能力自行建立雲端平台。

至於其他 QNAP 型號或其他廠牌的雲端管理系統，其管理系統的安裝與設定也都是大同小異， 相信讀者可以融會貫通。

在此感謝許多有心的讀者提供筆者許多寶貴的意見與建議，筆者群不勝感激，許多讀者希望筆者可以推出更多的教學書籍與產品開發專案書籍給更多想要進入『工業 4.0』、『物聯網』、『智慧家庭』這個未來大趨勢，所有才有這個系列的產生。

本系列叢書的特色是一步一步教導大家使用更基礎的東西，來累積各位的基礎能力，讓大家能學習之中，可以拔的頭籌，所以本系列是一個永不結束的系列，只要更多的東西被開發、製造出來，相信筆者會更衷心的希望與各位永遠在這條研究、開發路上與大家同行。

作者介紹

曹永忠 (Yung-Chung Tsao)，目前為自由作家，專注於軟體工程、軟體開發與設計、物件導向程式設計、物聯網系統開發、Arduino 開發、嵌入式系統開發，商品攝影及人像攝影。長期投入資訊系統設計與開發、企業應用系統開發、軟體工程、物聯網系統開發、軟硬體技術整合等領域，並持續發表作品及相關專業著作。

Email:prgbruce@gmail.com

Line ID：dr.brucetsao

作者網站：https://www.cs.pu.edu.tw/~yctsao/

臉書社群(Arduino.Taiwan)：

https://www.facebook.com/groups/Arduino.Taiwan/

Github 網站：https://github.com/brucetsao/

原始碼網址：https://github.com/brucetsao/QNAP

Youtube：https://www.youtube.com/channel/UCcYG2yY_u0m1aotcA4hrRgQ

許智誠 (Chih-Cheng Hsu)，美國加州大學洛杉磯分校(UCLA) 資訊工程系博士，曾任職於美國 IBM 等軟體公司多年，現任教於中央大學資訊管理學系專任副教授，主要研究為軟體工程、設計流程與自動化、數位教學、雲端裝置、多層式網頁系統、系統整合、金融資料探勘、Python 建置(金融)資料探勘系統。

Email: khsu@mgt.ncu.edu.tw

作者網頁：http://www.mgt.ncu.edu.tw/~khsu/

蔡英德 (Yin-Te Tsai)，國立清華大學資訊科學系博士，目前是靜宜大學資訊傳播工程學系教授、靜宜大學資訊學院院長，主要研究為演算法設計與分析、生物資訊、軟體開發、視障輔具設計與開發。

Email:yttsai@pu.edu.tw

作者網頁：http://www.csce.pu.edu.tw/people/bio.php?PID=6#personal_writing

參考文獻

曹永忠. (2015a). 用 LinkIt ONE 開發版打造綠能智慧插座－手機程式開發工具介紹. Retrieved from http://www.techbang.com/posts/40341-the-first-step-towards-the-internet-of-things-green-energy-smart-plug-cloud

曹永忠. (2015b). 用 LinkIt ONE 開發版打造綠能智慧插座－利用物聯網雲端平台資源開發. Retrieved from http://www.techbang.com/posts/40400-using-linkit-one-developer-to-create-green-energy-smart-plug-cloud-resources

曹永忠. (2015c). 用 LinkIt ONE 開發版打造綠能智慧插座－超詳細硬體安裝篇. Retrieved from http://www.techbang.com/posts/40332-the-first-step-towards-the-internet-of-things-green-energy-smart-sockets

曹永忠. (2016a). AMEBA 透過網路校時 RTC 時鐘模組. Retrieved from http://makerpro.cc/2016/03/using-ameba-to-develop-a-timing-controlling-device-via-internet/

曹永忠. (2016b). 智慧家庭：PM2.5 空氣感測器（感測器篇）. *智慧家庭*. Retrieved from https://vmaker.tw/archives/3812

曹永忠. (2016c). 智慧家庭：PM2.5 空氣感測器（上網篇：啟動網路校時功能）. *智慧家庭*. Retrieved from https://vmaker.tw/archives/7305

曹永忠. (2016d). 智慧家庭：PM2.5 空氣感測器（上網篇：連上 MQTT）. *智慧家庭*. Retrieved from https://vmaker.tw/archives/7490

曹永忠. (2016e). 智慧家庭：PM2.5 空氣感測器（硬體組裝上篇）. *智慧家庭*. Retrieved from https://vmaker.tw/archives/3901

曹永忠. (2016f). 智慧家庭：PM2.5 空氣感測器（硬體組裝下篇）. *智慧家庭*. Retrieved from https://vmaker.tw/archives/3945

曹永忠. (2016g). 智慧家庭：PM2.5 空氣感測器（電路設計上篇）. *智慧家庭*. Retrieved from https://vmaker.tw/archives/4029

曹永忠. (2016h). 智慧家庭：PM2.5 空氣感測器（電路設計下篇）. *智慧家庭*. Retrieved from https://vmaker.tw/archives/4127

曹永忠. (2016i). 智慧家庭：顯示字幕的技術. *智慧家庭*. Retrieved from https://vmaker.tw/archives/3604

曹永忠. (2017a). 如何使用 Linkit 7697 建立智慧溫度監控平台（上）. Retrieved from http://makerpro.cc/2017/07/make-a-smart-temperature-monitor-platform-by-linkit7697-part-one/

曹永忠. (2017b). 如何使用 LinkIt 7697 建立智慧溫度監控平台（下）. Retrieved from http://makerpro.cc/2017/08/make-a-smart-temperature-monitor-platform-by-linkit7697-part-two/

曹永忠. (2018a). 【物聯網開發系列】雲端主機安裝與設定(NAS 硬體安

裝篇). *智慧家庭*. Retrieved from https://vmaker.tw/archives/27589

曹永忠. (2018b). 【物聯網開發系列】雲端主機安裝與設定（NAS 硬體設定篇）. *智慧家庭*. Retrieved from https://vmaker.tw/archives/27755

曹永忠. (2018c). 【物聯網開發系列】雲端主機安裝與設定（資料庫設定篇）. *智慧家庭*. Retrieved from https://vmaker.tw/archives/28209

曹永忠. (2018d). 【物聯網開發系列】雲端主機安裝與設定（網頁主機設定篇）. *智慧家庭*. Retrieved from https://vmaker.tw/archives/28465

曹永忠, 許智誠, & 蔡英德. (2015a). *Arduino 云 物联网系统开发(入门篇):Using Arduino Yun to Develop an Application for Internet of Things (Basic Introduction)* (初版 ed.). 台湾、彰化: 渥瑪數位有限公司.

曹永忠, 許智誠, & 蔡英德. (2015b). *Arduino 程式教學(常用模組篇):Arduino Programming (37 Sensor Modules)* (初版 ed.). 台湾、彰化: 渥玛數位有限公司.

曹永忠, 許智誠, & 蔡英德. (2015c). *Arduino 雲 物聯網系統開發(入門篇):Using Arduino Yun to Develop an Application for Internet of Things (Basic Introduction)* (初版 ed.). 台湾、彰化: 渥瑪數位有限公司.

曹永忠, 許智誠, & 蔡英德. (2015d). *Arduino 编程教學(常用模块篇):Arduino Programming (37 Sensor Modules)* (初版 ed.). 台湾、彰化: 渥玛數位有限公司.

曹永忠, 許智誠, & 蔡英德. (2015e). 邁入『物聯網』的第一步：如何使用無線傳輸：基本篇. *物聯網*. Retrieved from http://www.techbang.com/posts/25459-technology-in-the-future-internet-of-things-business-model-how-to-use-wireless-transmission-the-basic-text

曹永忠, 許智誠, & 蔡英德. (2016a). *Arduino 程式教學(基本語法篇):Arduino Programming (Language & Syntax)* (初版 ed.). 台湾、彰化: 渥瑪數位有限公司.

曹永忠, 許智誠, & 蔡英德. (2016b). *Arduino 程序教學(基本语法篇):Arduino Programming (Language & Syntax)* (初版 ed.). 台湾、彰化: 渥瑪數位有限公司.

曹永忠, 許智誠, & 蔡英德. (2016c). *UP Board 基礎篇 : An Introduction to UP Board to a Develop IOT Device* (初版 ed.). 台湾、彰化: 渥瑪數位有限公司.

曹永忠, 許智誠, & 蔡英德. (2016d). *UP Board 基础篇 : An Introduction to UP Board to a Develop IOT Device* (初版 ed.). 台湾、彰化: 渥瑪數位有限公司.

雲端平台 (硬體建置基礎篇)

The Setting and Configuration of Hardware & Operation System for a Clouding Platform based on QNAP Solution

作　　者：曹永忠、許智誠、蔡英德

發 行 人：黃振庭

出 版 者：崧燁文化事業有限公司

發 行 者：崧燁文化事業有限公司

E-mail：sonbookservice@gmail.com

粉 絲 頁：https://www.facebook.com/
　　　　　sonbookss/

網　　址：https://sonbook.net/

地　　址：台北市中正區重慶南路一段六十一號八
　　　　　樓 815 室

Rm. 815, 8F., No.61, Sec. 1, Chongqing S. Rd.,
Zhongzheng Dist., Taipei City 100, Taiwan

電　　話：(02) 2370-3310

傳　　真：(02) 2388-1990

印　　刷：京峯彩色印刷有限公司（京峰數位）

律師顧問：廣華律師事務所 張珮琦律師）

定　　價：240 元

發行日期：2022 年 03 月第一版

◎本書以 POD 印製

國家圖書館出版品預行編目資料

雲端平台 . 硬體建置基礎篇 = The
setting and configuration of
hardware & operation system
for a clouding platform based
on QNAP solution / 曹永忠 , 許智
誠 , 蔡英德著 . -- 第一版 . -- 臺北市
: 崧燁文化事業有限公司 , 2022.03
　面；　公分
POD 版
ISBN 978-626-332-096-3(平裝)
1.CST: 電腦儲存設備 2.CST: 磁碟
機 3.CST: 雲端運算
312.15　111001414

官網

臉書